JN219875

# 気候変動

ハルト

アースくん

リン

## どういう問題なの？



## 何が起こっているの？



## これからどうすればいいの？

どういう問題なの？①

# 気候変動ってどういうこと？

気候変動とは、それぞれの土地の気候がかわってしまうこと。大雨や、きびしい暑さ・寒さなどにおそわれて、そこにくらす人々や生きものが、いままでどおりの生活をするのがむずかしくなることなんだ。

気候

「気候変動」ということは、気候がかわるってことなんだね。気候って、天気のことだよね。

くわしくいうと、「気候」とは、ある地域に何十年にもわたって、当てはまるような、天気の特徴のこと。たとえば「沖縄は1年中あたたかい」とか「北海道では冬に雪がたくさんふる」ということなんだ。ちなみに「天気」や「天候」は、雨やくもりなど、1時間から数日にかけての大気の状態のこと。「気象」は、雲が多いなど、大気で起こっていることだ。「気候変動」というのは、その地域の天気のパターンがかわるということなんだよ。天気には、気温や湿度、雨や雪のふり方もふくまれるよ。

# 地球はあたたかくなっているってほんとうなの？

そういえば、大人はよく「最近の夏は昔より暑くなった」っていうよね。

地球の平均気温が昔にくらべて高くなっているのは、ほんとうだよ。約130年前からの平均気温を調べると、100年間で0.77℃のペースで、気温が高くなっていることがわかる。いまのこのような状況を、「地球温暖化」というよ。

● 世界の年平均気温のうつりかわり

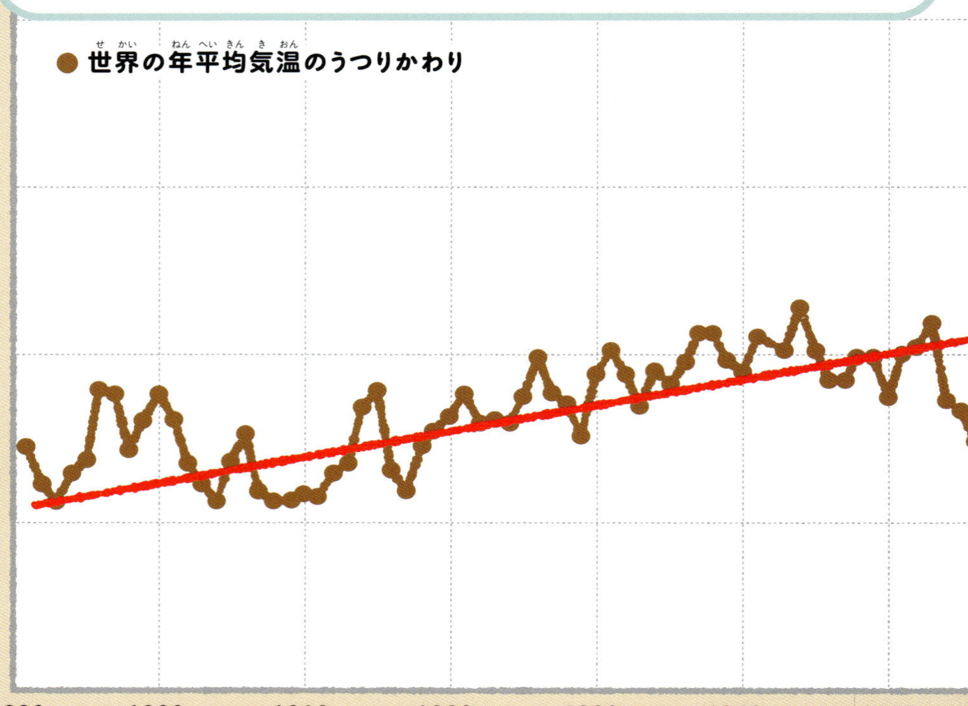

100年で0.77℃と聞くと、あんまりたいしたことじゃないような気もするけど……。

前の日から気温が1℃くらい高くなることなんて、よくあるよね。でも、地球全体の年平均気温となると話はちがってくる。
12万5,000年前の氷河期と今の平均気温の差が、たった5℃であることを考えると、100年で0.77℃というのは、今までにないスピードで、気温が高くなっているということなんだ。

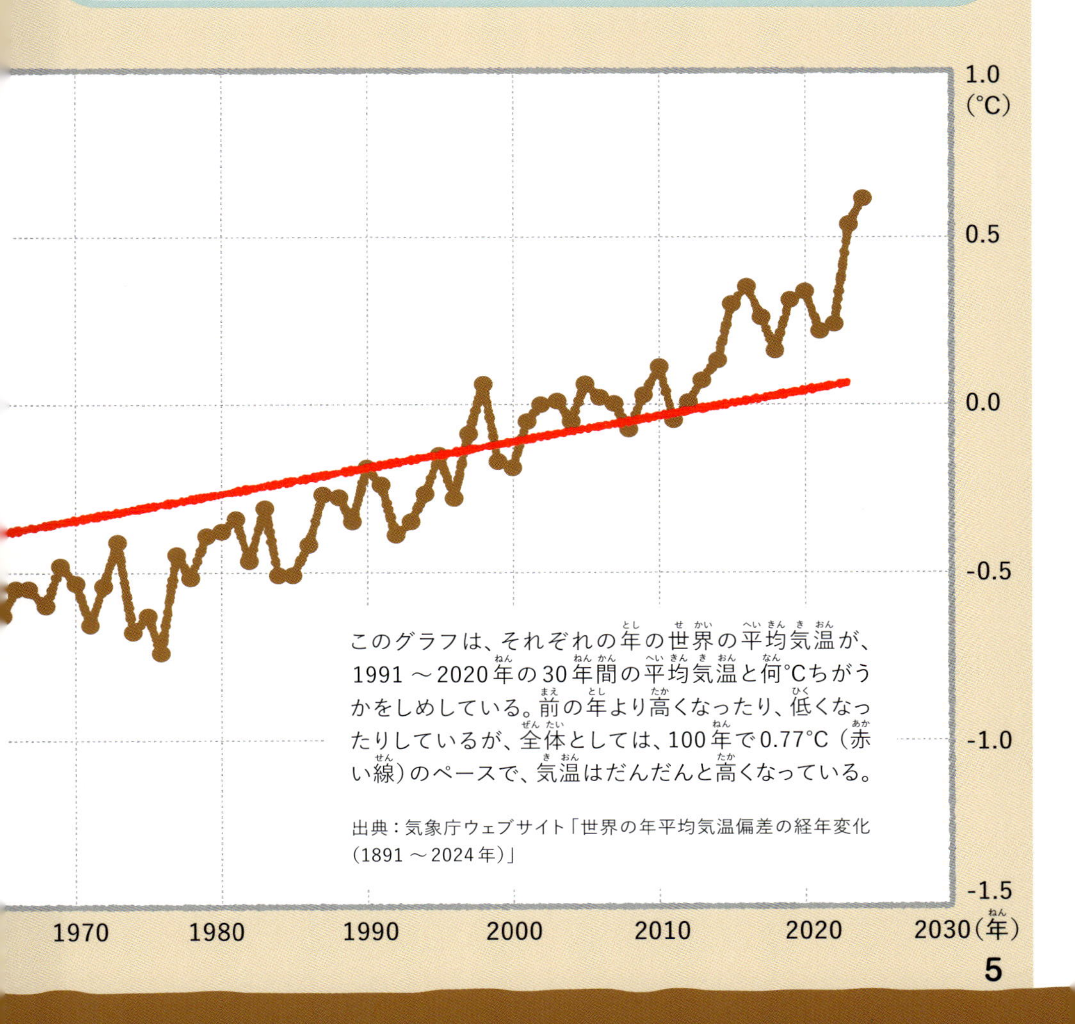


このグラフは、それぞれの年の世界の平均気温が、1991～2020年の30年間の平均気温と何℃ちがうかをしめしている。前の年より高くなったり、低くなったりしているが、全体としては、100年で0.77℃（赤い線）のペースで、気温はだんだんと高くなっている。

出典：気象庁ウェブサイト「世界の年平均気温偏差の経年変化（1891～2024年）」

# どうして地球があたたかくなっているの？

**地球の平均気温が上がっているのは、どうしてなの？**

太陽の光があたると、地面はあたたかくなるよね。つまり、あたためられて熱をもつわけだ。でも、この熱は地面にずっととどまるわけではなくて、外に向かって放出される。このとき、放出された熱の多くは宇宙までにげていくけれど、一部の熱は、地球をとりまいている空気によって、吸収されるんだ。

## ● 約100年前までの地球

宇宙ににげていく熱と地球にとどまる熱のバランスによって、生きものがくらすのに、ちょうどよい気温がたもたれていた。

地球の空気には、熱を吸収するはたらきをもつ気体がふくまれている。それが、二酸化炭素（$CO_2$）をはじめとする「温室効果ガス」だよ。地球をあたためる温室のような効果があるということなんだ。

二酸化炭素は、ものを燃やすと出る気体だよね。

約100年前ごろから、地球では二酸化炭素などの温室効果ガスがふえてきたんだ。そうすると、地球にとどまる熱がふえて、地球の気温が高くなる。それが「地球温暖化」なんだよ。それまでは、生きものにとってちょうどいい気温だったのに、地球温暖化が進むにつれて、地球上でいろいろな問題が起こるようになったんだ。

● いまの地球

温室効果ガスがふえて、地球にとどまる熱がふえたことで、地球の気温が高くなった。

# 温室効果ガスってどういうものなの？

温室効果ガスって、どういうものなの？

「温室効果ガス」は、地球をあたためるはたらきを持つ気体をまとめたよび名なんだ。二酸化炭素のほかにも、メタンやフロン類などいくつかの種類があるよ。どの温室効果ガスも発生原因には、人間の活動が大きくかかわっているんだ。

## おもな温室効果ガスの種類と発生原因

**二酸化炭素**
…化石燃料を燃やすことなど

**メタン**
…稲作、ごみの埋め立て、牛のげっぷなど

**一酸化二窒素**
…工場での生産、化学肥料、堆肥の使用など

**フロン類**
…スプレー、エアコン、冷蔵庫のガスなど

## 温室効果ガスは、いつごろからふえはじめたの？

温室効果ガスのうち、約75％は二酸化炭素（$CO_2$）なんだ。地球温暖化をおさえるためには、二酸化炭素をどのようにへらせばいいかがだいじだね。地球の二酸化炭素がふえたきっかけは、1760年ごろのイギリスで起きた「産業革命」なんだ。それまでは水力などで機械を動かしていたのに、石炭などを燃やして、水蒸気の力を利用する「蒸気機関」の発明により、人間のくらしはがらりとかわった。どういうことなのか、次のページでも説明するよ。

### 人間が発生させる温室効果ガスのうちわけ

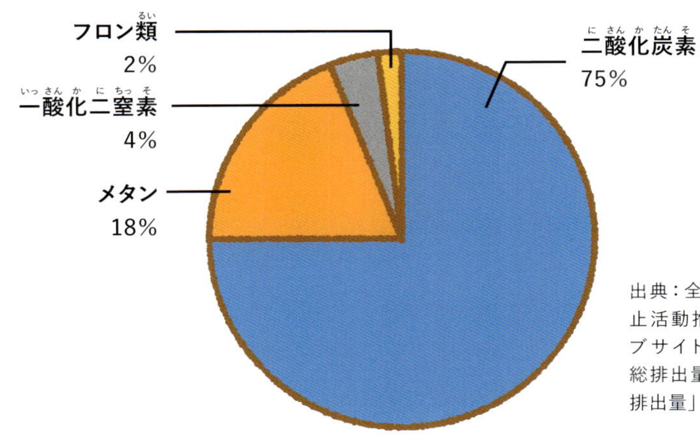


出典：全国地球温暖化防止活動推進センターウェブサイト「温室効果ガス総排出量に占めるガス別排出量」

### 空気中の二酸化炭素の割合のうつりかわり

このグラフの単位である「ppm」は、100万分の1（0.0001％）をあらわす。空気中の二酸化炭素の割合は約0.04％（420ppm）と、ごく小さなものだが、それが地球の気温に大きな影響をあたえている。

（ppm）
450
400
350
300
250
1700 1750 1800 1850 1900 1950 2000（年）

出典：アメリカ海洋大気局資料

どういう問題なの？⑤

# 二酸化炭素がふえたのはどうして？

**化石燃料の使いすぎで二酸化炭素がふえているっていうけれど、どういうことなの？**

化石燃料とは、数億年前の植物や動物の死がいが、地中で長い時間をかけて変化して、燃料になったものだよ。石炭、石油、天然ガスなどが化石燃料なんだ。どれも燃やすと二酸化炭素が発生する。産業革命によって、人間が化石燃料を利用するようになった。はじめは、石炭を蒸気を起こす燃料として使っていたけど、石油を自動車の燃料として使うようになり、発電にも化石燃料を使うようになりと、しだいにたくさんの化石燃料を使うようになってきたんだ。生産力が上がって、人間のくらしがゆたかになったのはいいんだけど、いまでは「大量生産・大量消費」が、さまざまな環境問題を起こしているよ。化石燃料の使いすぎによって、二酸化炭素がふえて、地球温暖化を起こしていることはそのひとつなんだよ。

### ● おもな化石燃料の種類

石炭は固体、石油は液体、天然ガスは気体と、形はちがうが、燃やすと二酸化炭素が発生するのは同じ。

石炭

石油

天然ガス

化石燃料を燃やせば、燃やすだけ、二酸化炭素が出てしまうなんて……。

化石燃料だけじゃなく、木やごみなど、ものを燃やすと二酸化炭素は出るんだ。また、森林は光合成(🔑)によって二酸化炭素を吸収しているんだけど、人間は森林を開発することで、二酸化炭素を吸収するはたらきもうばっているんだ。たとえば、森林を燃やして農地にする焼畑農業という方法は、二酸化炭素を出して、さらに、吸収する量もへらすことにつながるんだよ。

人間によって切りひらかれた、南アメリカのアマゾンの森林。

☞1巻

## キーワード 🔑 光合成

植物が、太陽の光・水・二酸化炭素を利用して、成長に必要な栄養分をつくりだすはたらきのこと。植物の葉などにある、葉緑体という部分でおこなわれる。植物は、光合成によって、空気中の二酸化炭素をとりこんで、栄養分と酸素を生みだすという、だいじなはたらきをしている。

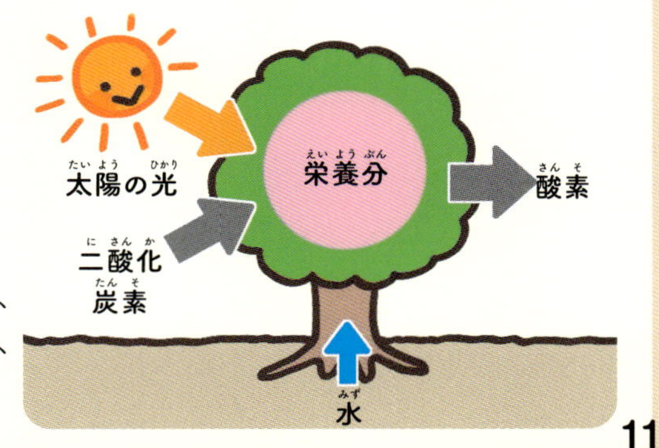

どういう問題なの？⑥

# 化石燃料ってどんなことに使われるの？

化石燃料は、いま、ぼくたちの身のまわりで、どんなことに使われているの？

## ● わたしたちのくらしと化石燃料

### 電気やガスをつくる

日本で利用されている電気の約70％は、化石燃料を燃やして得られるエネルギーからつくられている（2022年度の火力発電の割合）。またガスは、おもに天然ガスをもとにしてつくられる。生みだされた電気やガスが、家庭や学校や会社や工場で利用されている。

燃料や原料として、さまざまなことに使われているよ。いまの社会は化石燃料にささえられているといってもいいくらいだ。でも化石燃料は、二酸化炭素を出すことのほかにも、問題があるんだ。数億年前にできたものを、ものすごいいきおいで使っているから、資源としてなくなってしまうおそれがある。石油については、とれる国が中東にかたよっていて、国どうしの争いの原因になることがあるため、価格が安定していない。いずれにしても、化石燃料の使い方を見直していかなければならないね。

## 乗りものを動かす燃料になる

自動車の燃料となるガソリンや軽油、飛行機のジェット燃料とも、石油からつくられる。また、電車も、一部は火力発電による電気を使っていることになる。

## 製品をつくる原料になる

鉄やセメントは、つくるのに石炭を原料と燃料にしている。プラスチック、合成ゴムといった製品も、石油からつくられる。

どういう問題なの？⑦

# 地球温暖化と気候変動は、どうかかわっているの？

ニュースとかで、地球温暖化と気候変動って、いっしょに出てくるよね。ほんとうはどういう関係なの？

## 雨がふるしくみ

①海などの水（液体）があたためられて蒸発し、水蒸気（気体）になる。
②水蒸気が、空の高いところで水や氷（固体）のつぶになり、雲になる。
③雲をつくる水や氷がたくさん集まると、雨や雪として地上にふる。

## 風がふくしくみ

①あたためられた空気は軽くなって、空の高いところへのぼっていく。
②のぼっていった空気がもともとあったところは、空気がうすくなるため、まわりから空気が流れこむ。
③その空気の流れが風になる。

雨がふる理由も、風がふく理由も、気温とは深くかかわっているんだ。気温がかわると、雨と風のようすもかわる。いままでとかわった天気のパターンが長くつづくと、気候がかわった、つまり「気候変動」が起きたということになるんだ。地球温暖化と気候変動の関係は、地球温暖化によって、気温が高くなって、気候変動が、短い間に、より強く起きているということ。地球温暖化は、気候変動を起こす大きな原因なんだよ。

空気があたためられて高いところにのぼったり、冷やされて低いところにおりたりすることで、空気の循環がうまれる。この循環に乗って、雲や台風が移動する。

何が起こっているの？①

# 気候変動によって、どんな災害がふえるの？

**気候変動によって、大雨や台風がふえているって聞いたよ。**

いままでにないような大雨や大雪、何度も来る台風、異常な猛暑など、めったに起こらないような気象を異常気象（🔑）というんだ。近年、世界中で異常気象がふえているよ。めったに起こらないので、そなえもじゅうぶんでないから、異常気象は大きな災害をもたらすことが多いんだ。

**● 世界でおこっている気象災害の例**

**洪水**

大雨や台風などによって、川の水がふえて、堤防などをこえて、市街地などに流れこむ。

**干ばつ**

長い間、雨がふらず、土地が乾燥する。使える水がへり、農作物の生産にも影響をおよぼす。

**きけんな暑さ・寒さ**

命にかかわることもある暑さや寒さ。熱波や寒波。森林火災の原因にもなる。

## 災害の数は、どれくらいふえているの？

50年前とくらべると、気象による災害の件数は大きくふえている。災害を起こすぐらいの、いままでより強い風や雨が何度も起こっているということだ。こうした異常気象は、地球温暖化による気候変動が原因になっていることが科学的に明らかになっているよ。

**世界で報告された気象災害の数**

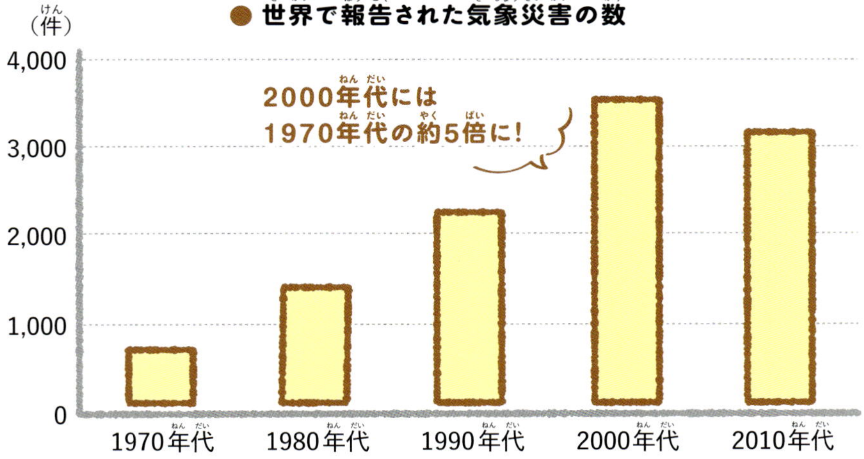

（件）
4,000
3,000
2,000
1,000
0
2000年代には
1970年代の約5倍に！
1970年代
1980年代
1990年代
2000年代
2010年代


出典：WMO（世界気象機関）「WMO Atlas of Mortality and Economic Losses from Weather, Climate and Water Extremes(1970-2019)」

### キーワード 異常気象

日本の気象庁では、その地域で、30年に一度以下の割合でしか起こらない異常な気象としているが、近年では、気候変動の影響によって、毎年のように異常気象が起きている。

記録的な大雨がふった場合などに、ニュースなどで「異常気象」ということばがよく用いられるようになった。

何が起こっているの？②

# あたたかくなると、地球の氷はどうなるの？

**北極や南極の写真をみると氷だらけだよね。地球があたたかくなっているなら、とけちゃったりしないのかな？**

いいところに気づいたね。地球の陸地の面積の約10％は氷でおおわれている。淡水（塩分をふくまない水）の約70％は氷の状態なんだ。北極や、南極、そのまわりの地域には、氷河や海氷など1年中とけない氷がたくさんある。いま、地球温暖化によって、それらの氷が少しずつとけているんだ。

アメリカ合衆国のアラスカ州にある氷河。「2005」としるされた標識は「2005年には、ここまで氷があった」ということをあらわしている。

## 氷がとけると、どのような影響があるの？

まず、氷がとけると、海に流れこんで、海面が上がる。もし南極の氷がすべてとけてなくなったら、現在より海面が40～70m上がると考えられているよ。また、氷は海の水を冷やしていて、白い氷は太陽の光を反射するはたらきもあるから、氷がなくなると海水の温度が高くなり、地球温暖化がさらに進んでしまうんだ。P.14のとおり、気候変動にもつながるよ。もちろん、氷の上でくらす生きものたちはすみかをうしなってしまう。淡水の氷がとけた水が海に流れこむと、海水の塩分のこさがかわったり、海水の流れがかわったりして、海の生きもののくらしにも影響をあたえるんだ。

### 太陽の光と氷の関係

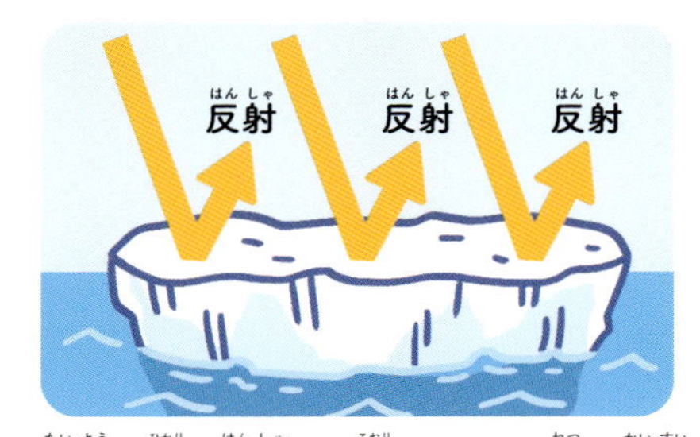


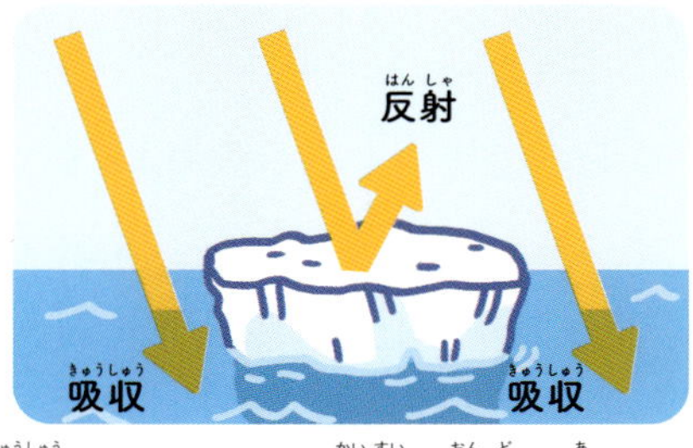


太陽の光を反射する氷がへると、熱が海水に吸収されやすくなり、海水の温度が上がる。その結果、氷はさらにとけやすくなってしまう。

ホッキョクグマは、氷がへることによって食べものやすみかがなくなり、絶滅が心配されている。

何が起こっているの？③

# 地球温暖化は、海にどんな影響をあたえるの？

**夏の海の水はあたたかいから、やっぱり地球温暖化で海の水の温度も高くなってるの？**

そうなんだ。海面の温度をはかると、100年で0.61℃のペースで上がっているよ。海水の温度が高くなると、P.14で説明したとおり、雨や風が強くなり、気候変動につながるんだったね。そのほか、海面上昇（海の水面が高くなること）も起こしたりするんだ。

### ● 日本近海の海面水温のようす

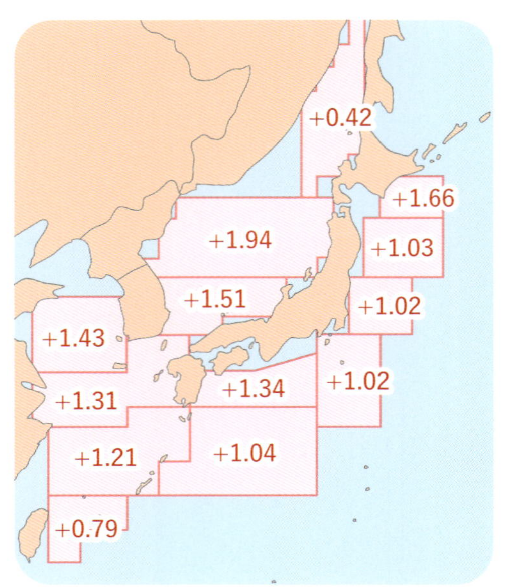


海面水温が、100年間でどれくらい高くなっているかをあらわした図。日本近海では平均で1.28℃のペースで高くなっている。世界平均（100年間で0.61℃上昇）を大きく上まわっている。

出典：気象庁ウェブサイト「海面水温の長期変化傾向（日本近海）

☞P.22

海でくらす生きものにとって海水の温度は、わたしたちにとっての気温のようなものだよね。だいじょうぶなの？

やっぱり、海の生きものにも、いろいろな悪い影響が出ているんだ。海の生きものは、それぞれ自分に合った海水温度の地域でくらしている。温度が高くなると、数がへったり、育ちが悪くなったりする。そうすると、食べものがなくなるので、ほかの海の生きものにも影響が広がる。温度の低い海域へ移動することも多く、人間の漁業にも影響をあたえることになるよ。大気中の二酸化炭素が海水にとけて起こる海洋酸性化（🔑）も問題になっているんだ。

沖縄県の西表島周辺で見られるサンゴ。海水温度の上昇により、体内で栄養をつくる藻類がなくなって「白化」している。白く見えるのは骨格がすけて見えるようになるため。

## キーワード 🔑 海洋酸性化

海水は本来は弱いアルカリ性だが、空気中の二酸化炭素がふえて、海にたくさんとけこむと、海水は酸性に近づいてしまう。これを海洋酸性化という。酸性に近づくと、殻などが育ちにくくなるので、サンゴや、貝類、エビやカニといった甲殻類などに大きな影響をあたえる。

ムラサキウニ（写真）も、海洋酸性化の影響で発育が悪くなることがわかっている生きもののひとつ。

何が起こっているの？④

# 地球温暖化で国がなくなってしまう！

**海の水面が高くなっているって聞いたけど、どういうことが起こるの？**

海の水面が高くなることを海面上昇というよ。1900年からの100年間で、約17㎝の海面上昇が起きたとされている。海岸沿いから海にしずんでいくから、陸地が少なくなっていくよね。海岸沿いの植物も、浜辺の生きものもすみかがなくなってしまう。高潮や洪水による災害がふえたり、海水が川をさかのぼって農業ができなくなったり、飲み水が足りなくなったりして、人間のくらしにも大きな影響が出るんだよ。

**● 海面上昇によって陸地がしずんでしまうしくみ**

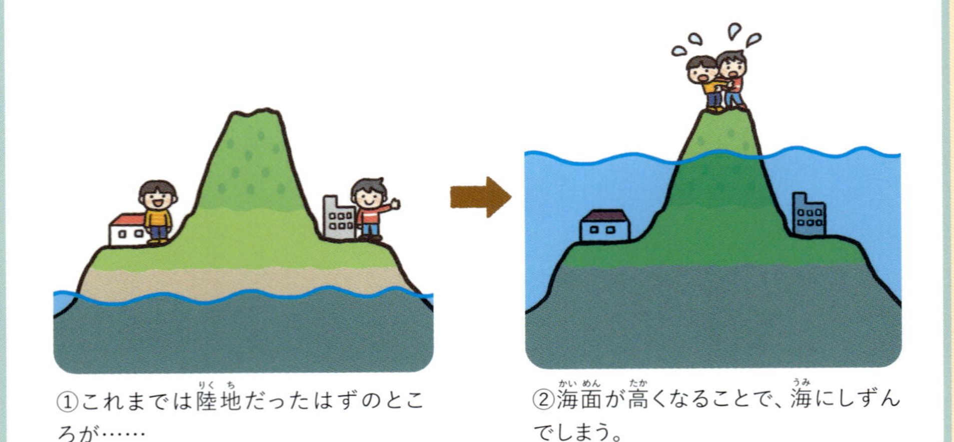

①これまでは陸地だったはずのところが……

②海面が高くなることで、海にしずんでしまう。

**どうして、地球温暖化で海の水面が高くなるの？**

ひとつ目の理由は、海水の温度が高くなることだ。水は温度が上がるとふくらんで、体積がふえるんだ。だから地球温暖化で、海水全体がふくらんで、海面上昇が起こるんだよ。そしてふたつ目は、陸地にある氷がとけていること。とけた水が海に流れこんで、海水がふえるんだ。

☞P.18、P.20

**海にしずんでしまうかもしれない国があるって、ほんとう？**

日本のはるか南東の太平洋にツバルという国がある。いくつかの島からなり、面積は東京都の品川区と同じくらいで、もっとも高いところでも海抜5mほどしかないんだ。このままのペースで海面上昇がつづくと、21世紀の終わりには、ツバルは海にしずんでしまう。小さな島はどこでも、陸地が少なくなり、人が住めなくなるおそれがあるんだよ。

ツバルのフナフティ島。上空から見ると、山などがないことがよくわかる。

何が起こっているの？⑤

# 気候変動は生きものにどんな影響があるの？

**自然のなかでくらしている生きものは、気候がかわるとたいへんだよね。**

すべての生きものたちは、自分に合った環境のなかでくらしているんだ。その生きものが、いま、その場所にいるということは、長い時間のなかで、その場所の環境に適した種が生きのこってきた結果なんだよ。気候は、自分のくらす環境のなかでもっとも大切なものといっていい。気候変動は、自分のくらしやすい環境が急にかわってきているということなんだよ。

**● 環境による生きもののちがい（ノウサギの場合）**

日本にいる4種類のノウサギの、生息している地域のちがいをあらわした地図。その場所の環境に合った種が、それぞれの場所でくらすようになった。

出典：香川大学農学部動物栄養学研究室ウェブサイト

では、ここでひとつ問題。気候変動によって北海道の気候が沖縄のようにかわったとしたら、どうなると思う?

**寒いところにしかすめない生きものは、もうくらせなくなっちゃうかもしれない!**

そうだね。それに、気候変動によって影響を受けるのは、身のまわりの気温や天気だけじゃないんだ。植物が育たなければ、食べものがなくなるし、氷がとければ、すみかがなくなってしまう生きものもいる。その結果、生きものが絶滅してしまう（地球上からいなくなる）こともあるんだよ。気候変動は、生物多様性（生きものどうしのつながりの豊かさ）をうしなわせてしまい、それぞれの地域の生態系（生きものとそれをとりまく自然環境のかかわり）を大きくかえてしまうんだ。

## 気候変動の影響を受けている生きものの例

### ジャイアントパンダ

竹が育ちづらくなることで、食べものも、すみかである竹林もへってしまう。

### ホッキョクグマ

北極海の海氷がとけ、すみかがなくなり、食べもののアザラシなどもいなくなる。

### アフリカゾウ

雨が少なくなって干ばつが起こると、飲み水が足りなくなってしまう。

☞5巻

何が起こっているの？⑥

# 気候変動は食料にどんな影響があるの？

わたしたちがふだん食べているものは、だいじょうぶなの？

天候のせいで野菜のねだんが高くなるのはよくあること。魚もとれる量がへると、ねだんが高くなる。天候は、人間の食料にも大きな影響をあたえるんだよ。気温や雨のせいで育ちが悪くなったり、とれる場所でとれなくなったりするからね。それが、短い間のことだったら、まだしょうがないんだけど、気候変動は、その土地の気候がかわるということだから、これまでの食べもののとれ方が丸ごとかわってしまう可能性があるんだ。

## 温度や雨の量の変化による農作物への影響の例

**米**

稲の成長とちゅうに気温が高すぎる時期があると、左のように内側が白くにごり、味が落ちてしまうこともある（右は暑さに強い米）。

**ミカン**

秋に気温が高すぎたり雨が多すぎたりすると、左のように皮と果肉がはなれてしまうことがある。このような実はくさりやすい（右は通常の実）。

写真提供：農研機構

ずっとつづいたら、つくったり、とったりする人はこまっちゃうじゃない。

そう。すでに、生産者にとって大きな問題になってるんだ。その土地に適した農作物が育ちにくくなると、たとえばリンゴは東北地方、ミカンは和歌山県や愛媛県というような、名産地のイメージが当てはまらくなるかもしれない。サンマの不漁によって、「サンマは秋の風物詩」とはいえなくなってしまうよ。そうすると、生産者は仕事を見直さなければならなくなってしまう。もちろん、消費者にとってもひとごとじゃないよ。

● リンゴの栽培に適した土地の変化の予測

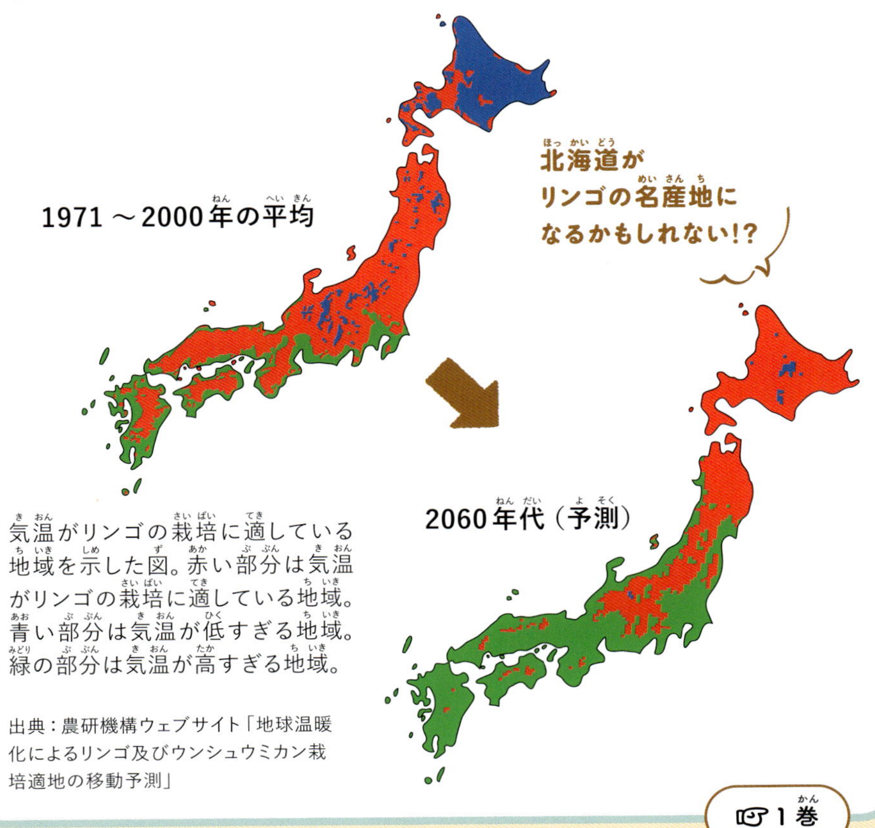


気温がリンゴの栽培に適している地域を示した図。赤い部分は気温がリンゴの栽培に適している地域。青い部分は気温が低すぎる地域。緑の部分は気温が高すぎる地域。

出典：農研機構ウェブサイト「地球温暖化によるリンゴ及びウンシュウミカン栽培適地の移動予測」

☞1巻

何が起こっているの？⑦

# 気候変動は人間の体にも影響があるの？

夏の暑さで、頭がぼうっとなったことがあるんだけど、それも気候変動の影響なの？

それは熱中症かもしれないね。気温が高くなると、体温をうまく調整できなくなって、頭痛やめまいがするなど、体のぐあいが悪くなるんだ。近年の夏は、最高気温が35℃以上の猛暑日がつづくようになってきている。これは地球温暖化による気候変動が大きく関係していると考えられているよ。2023年に、日本では約1,600人が熱中症でなくなっている。まさにきけんな暑さなんだ。

もっと知りたい！

## 国による熱中症への対策

日本では2024年から、危険な暑さが予想される場合に、「熱中症特別警戒アラート」が発表されるようになった。それまでの熱中症警戒アラートの一段上の警戒だ。「熱中症特別警戒アラート」が出されたら、外出はなるべくひかえて、家のなかでもエアコンを適度に使って、ふだんよりも水や塩分をこまめにとるように、よびかけている。

熊本市役所にはられた、指定暑熱避難施設（すずめる場所）であることをしめすポスター。

**気候がかわると、命にかかわる病気にかかる人がふえるなんて……こわいね。**

熱中症のほかにも、気温の大きな変化によって、さまざまな形で体のぐあいが悪くなる。もうひとつ問題になっているのが、感染症が広がることなんだ。気候変動でウイルスを運ぶ蚊がすむ地域を広げることによって、感染も広がってしまうんだ。デング熱という感染症で見てみよう。

### ● デング熱の感染が広がるしくみ

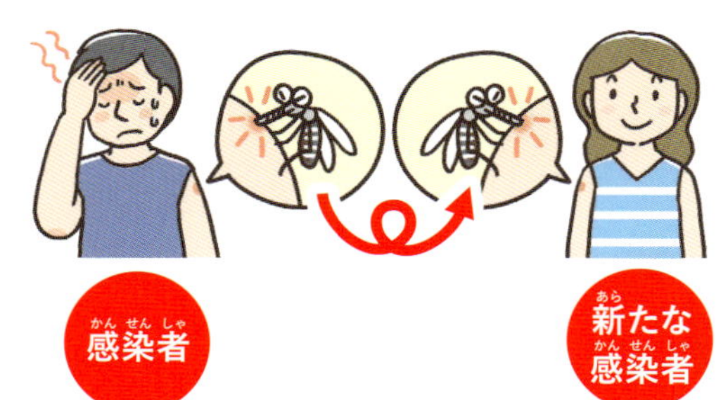


デングウイルスに感染している人の血を吸った蚊が、ほかの人の血を吸うと、その人もウイルスに感染してしまう。

デング熱は、デングウイルスによって引きおこされる感染症で、発熱や発疹などを起こすんだ。ヒトスジシマカなどの蚊が人の血を吸うことによって広がる。ヒトスジシマカは、気候変動によって、すむ地域を広げていることがわかっていて、日本では、1950年代までは東北地方にはいなかったのに、2010年代には青森県でも見られるようになった。外国では、同じように蚊によって感染するマラリアという病気の広がりが問題になっているよ。

### ● ヒトスジシマカのすむ地域の広がり

2015年
2010年
2000年
1950年代

出典：国立感染症研究所ウェブサイト「ヒトスジシマカの分布域拡大について」

# 気候変動をおさえることはできるの？

ここからは、気候変動という大きな問題をどうやって解決していけばいいか、いっしょに考えてみよう。小さなことでもいい。身近でできることは何かないかな？

そもそも、地球温暖化や気候変動って、おさえることはできるのかな？

● これからの地球の気温の変化に関する予測

1950
2000

できるよ！　ここまで見てきたように、地球温暖化や気候変動の大きな原因をつくっているのは人間だ。だからぎゃくにいえば、人間の活動しだいでおさえることもできる。「地球温暖化が起こる前の生活にもどりましょう」というわけではないよ。エネルギーやものを節約するとか、森林をだいじにするとか、出される二酸化炭素がへるように考えながら、一人ひとりが行動すれば、気候変動への影響をおさえることができる。科学的にも、これからの人間の行動しだいで、大きくかわると予測されているんだ。

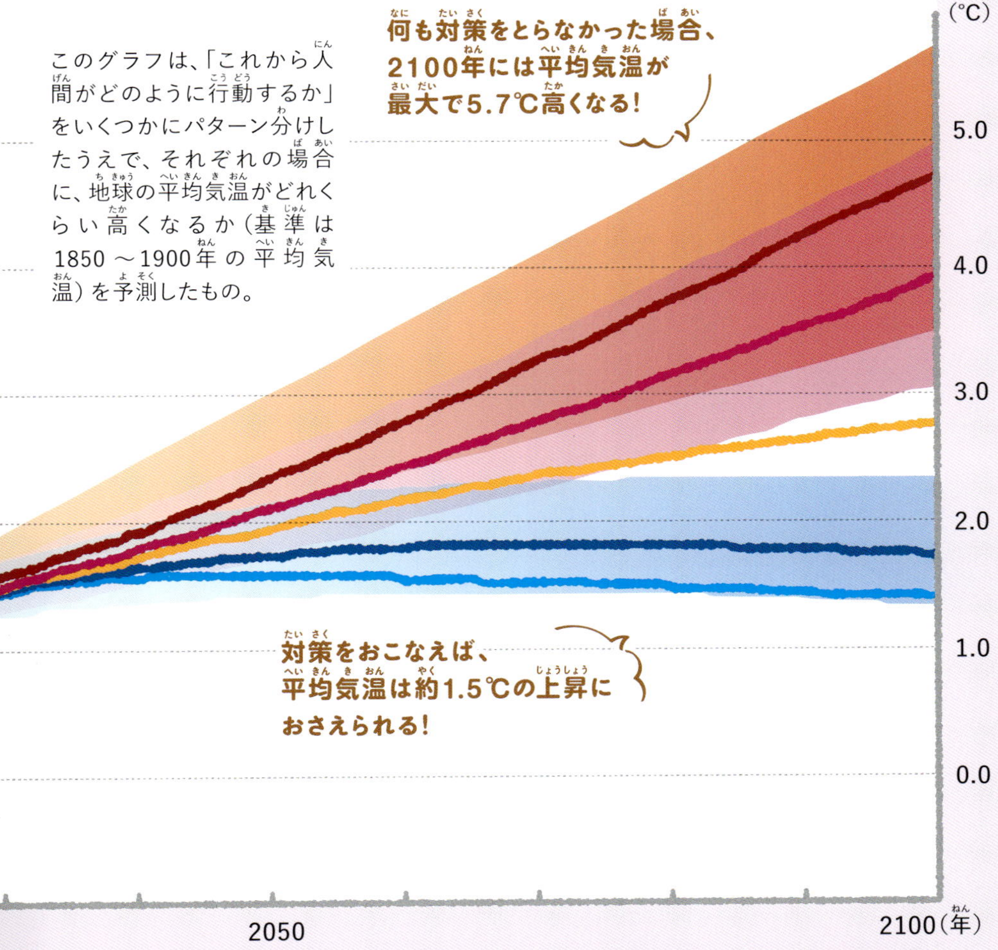


このグラフは、「これから人間がどのように行動するか」をいくつかにパターン分けしたうえで、それぞれの場合に、地球の平均気温がどれくらい高くなるか（基準は1850～1900年の平均気温）を予測したもの。

出典：全国地球温暖化防止活動推進センターウェブサイト「世界平均気温の変化予測（観測と予測）」

これからどうすればいいの？②

# 世界の国々の間では、何か協力しているの？

気候変動って、地球全体の問題だよね。世界の人々がみんなで協力して取り組まないといけないんじゃないかな。

そのとおりだね。1992年に決められた「気候変動枠組条約」は、まさにそのためのものといえる。これは、世界中の国々が協力して、気候変動をおさえるために温室効果ガスをへらすことを目的とした国際条約なんだ。締約国（条約に参加している国や地域）が毎年集まって、気候変動をおさえるための国際的なルールなどについての話し合いを進めることも決められたよ。ニュースに登場する気候変動の「COP」とは、この会議のことなんだ。

2024年にアゼルバイジャンで開かれた、気候変動枠組条約の29回目の締約国会議（COP29）のようす。

**ルールって、たとえばどんなものなの？**

2015年にフランスのパリで開かれたCOP21で、「パリ協定」という重要な取り決めがむすばれたよ。「世界の平均気温の上昇を、産業革命前にくらべて、プラス1.5℃におさえるよう努力する」という目標が決められたんだ。そして、すべての締約国が「温室効果ガスを○○年までに○%へらす」というように、数字で目標を立てて、実行することになったんだよ。

**ずばり聞くけど、だいじょうぶなの？**

「1.5℃目標」は、かんたんな目標ではない。2024年の世界平均気温は目標をこえて、1.55℃の上昇になってしまったんだ。各国は、それぞれ対策を考えている。そのひとつが「カーボンニュートラル」という方法だ。

**● カーボンニュートラルの考え方**

発生する二酸化炭素の量を、できるだけへらす。それでも発生してしまう二酸化炭素の量は、吸収する量をふやすことで、差し引きゼロにする（二酸化炭素はふえないことになる）。

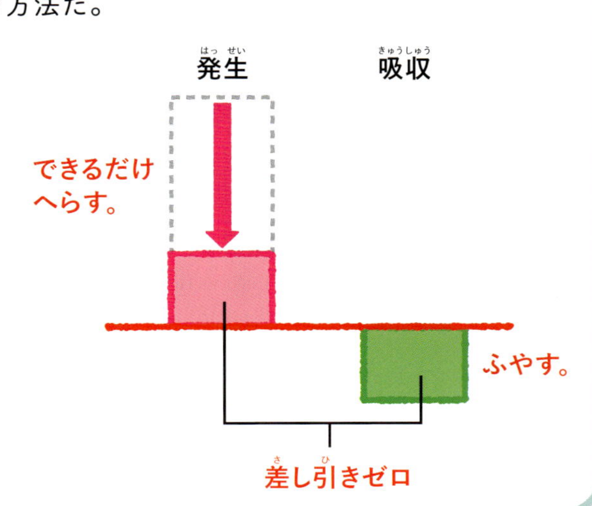

# 二酸化炭素をへらしたり吸収したりする方法って？

二酸化炭素をへらすには、どんな方法があるの？

まず、電気をつくる方法（発電方式）をかえていくことだ。いま日本は、二酸化炭素をたくさん出す火力発電が主流だけど、これから、太陽の光や、風、水といった自然の力「再生可能エネルギー（🔑）」を使った発電方式をふやしていこうとしているんだ。原子力発電は、二酸化炭素を出さないけれど、安全性や使いおわった燃料の処理の点で反対する人も多い。

## 再生可能エネルギーを利用した発電の例

### 太陽光発電

太陽光パネルとよばれる、光を当てることで電気を生みだす装置を利用する。屋根の上に太陽光パネルを設置すれば、家でも発電できる。

### 風力発電

風を受けた風車の回転で発電する。つねに強い風がふいている場所や、海の上などに風車が設置されている。

### 水力発電

高いところから流れ落ちる水の力を利用して発電する。ダムをつくったり、川の流れを利用したりする方法がある。

それから、自動車も大きなポイントだね。これまでの、ガソリンを燃料とする自動車は、走るほど二酸化炭素を出す。電気自動車なら、走るときに出る二酸化炭素はゼロだ。

**じゃあ、二酸化炭素を吸収するには、どんな方法があるの?**

やっぱり、二酸化炭素を吸収してくれる森林を守ったり、人間の手でふやしたりしていくことが大切だね。陸地だけでなく、海の海草・海藻、干潟の植物なども二酸化炭素を吸収するはたらきがあるよ。吸収するわけではないけれど、二酸化炭素を地中ふかくにためる技術も検討されているんだ。

森林をふやすために植樹(木を植えること)をおこなう取り組みが、世界に広がっている。

キーワード **再生可能エネルギー**

太陽の熱で、水をお湯にすることも、再生可能エネルギーの利用方法のひとつ。

化石燃料はかぎりがあり、一度燃やしてしまえばなくなってしまう。太陽の光や、風、水は、くりかえし、いつまでも利用することができることから、再生可能エネルギーとよばれる。

# わたしたちには、どんなことができるの？

地球温暖化による気候変動をおさえるために、わたしたちがふだんの生活のなかでできることって、あるのかな？

そうだね。まずは省エネ、つまりエネルギーのむだ使いをなくすことだね。ガスや灯油のほかに、電気の多くは化石燃料を燃やしてつくられているから、電気をなるべく節約することで、二酸化炭素の発生量をおさえることにつながるよ。

**● くらしのなかでできる省エネの例**

**照明・テレビ**

だれもいない部屋の照明や見ていないテレビはスイッチをオフにする。

**エアコン**

温度に合わせた服装をして、部屋をあたためすぎたり冷やしすぎたりしないようにする。

**冷蔵庫**

ドアは開けたらすぐに閉める。食べものや飲みものをつめこみすぎない。

調べてみよう！　省エネ　できること

家族で話し合って、みんなでいっしょに何かできるといいな。

おうちの人と協力してできることも、いろいろあるよ。たとえば、出かけるときの交通手段や、ふだんの食事に使う材料などについて、話し合ってみてもいいね。

**● 家族でできることの例**

**自動車の利用をひかえる**

家の自動車を使うのをやめて、電車やバスを利用したり、それほど遠くない場所であれば、徒歩や自転車で行けば、二酸化炭素の発生をおさえられる。

**地元でとれた食べものを食べる（地産地消）**

農作物などは、多くの人が、地元でとれたものを食べるようにすれば、飛行機や、軽油で走るトラックで遠くから運んでこなくてすむ。

二酸化炭素のことを考えれば、ほかにもいろいろあるはず。いまできることから、はじめてみよう！

## あとがき

わたしたちは現在、人間の活動によって起こる気候変動という大きな問題に直面しています。石炭や石油などの化石燃料を大量に使うことによって、二酸化炭素などが排出され、それが地球の気温上昇などを起こしています。その結果、異常気象による災害が増え、海面の上昇や食料や生物への影響、さらには熱中症などの健康への影響も心配されています。

気候変動の原因は人間の活動なので、その活動を変える必要があります。省エネルギーを進め、二酸化炭素の出ない再生可能エネルギーを増やし、森林を保護することなどに早急に取り組むことによって、気候変動の進行と被害をおさえることができるのです。

京都大学名誉教授 **松下和夫**

# 気候変動 さくいん

●装丁・デザイン
株式会社東京100ミリバールスタジオ

●イラスト
さはら そのこ
有田 ようこ
坂川 由美香（AD・CHIAKI）

●編集制作
株式会社KANADEL

●写真協力
Alamy
AP
PIXTA
ZUMA Press
朝日新聞社
アフロ
サイネットフォト
農研機構（P.26）

**監修 松下 和夫**

京都大学名誉教授。（公財）地球環境戦略研究機関（IGES）シニアフェロー。環境庁（省）、OECD 環境局、国連地球サミット上級環境計画官、京都大学大学院地球環境学堂教授（地球環境政策論）などを歴任。地球環境政策の立案・研究に先駆的に関与し、気候変動政策・SDGsなどに関し積極的に提言。持続可能な発展論、環境ガバナンス論、気候変動政策・生物多様性政策・地域環境政策などを研究している。主な著書に「1.5℃の気候危機」（2022年、文化科学高等研究院出版局）、「環境政策学のすすめ」（2007年、丸善株式会社）、「環境ガバナンス」（2002年、岩波書店）などがある。

**おもな出典**

「世界の年平均気温偏差の経年変化（1891 ～2024年）」気象庁、「温室効果ガス総排出量に占めるガス別排出量」全国地球温暖化防止活動推進センター、「WMO Atlas of Mortality and Economic Losses from Weather, Climate and Water Extremes(1970-2019)」世界気象機関、「海面水温の長期変化傾向（日本近海）」気象庁、「地球温暖化によるリンゴ及びウンシュウミカン栽培適地の移動予測」農研機構、「ヒトスジシマカの分布域拡大について」国立感染症研究所、「世界平均気温の変化予測（観測と予測）」全国地球温暖化防止活動推進センターなど

**いちからわかる環境問題③ 気候変動**

2025年3月　第1刷発行

監　　修　松下 和夫
発 行 者　佐藤 洋司
発 行 所　さ・え・ら書房
〒162-0842　東京都新宿区市谷砂土原町3−1
TEL 03-3268-4261　FAX 03-3268-4262
https://www.saela.co.jp/
印 刷 所　光陽メディア
製 本 所　東京美術紙工

ISBN978-4-378-02543-8　NDC519
Printed in Japan